**COUVERTURE SUPÉRIEURE ET INFÉRIEURE
EN COULEUR**

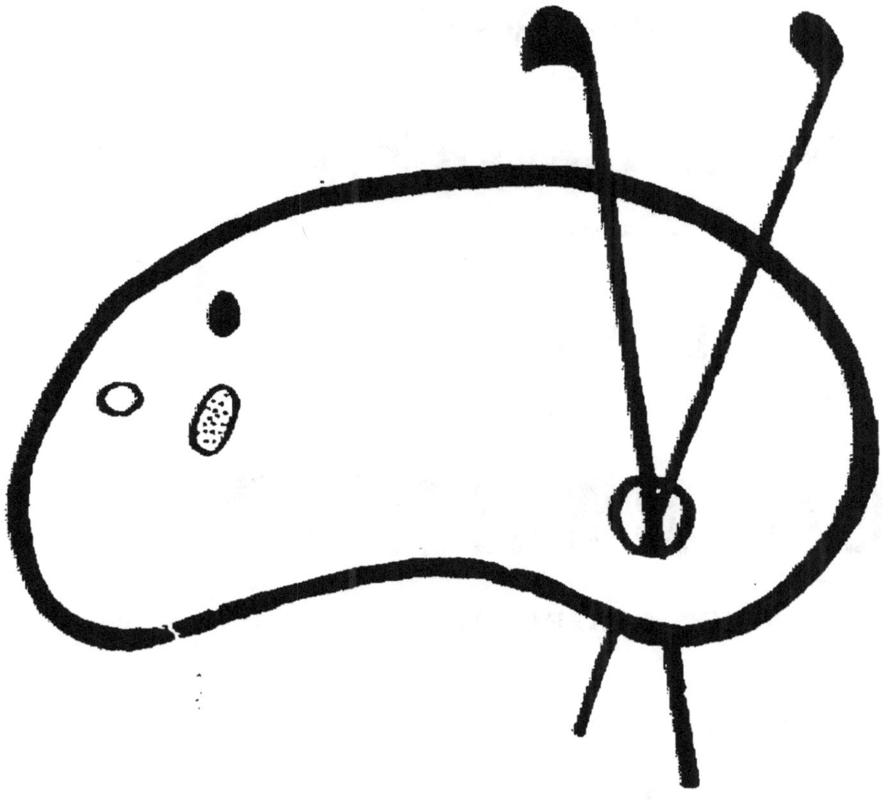

Mᵐᵉ Louise **DREVET**

Bibliothèque du Touriste en Dauphiné

LA VALLÉE

DE

LA BOURNE

AVEC QUATRE DESSINS

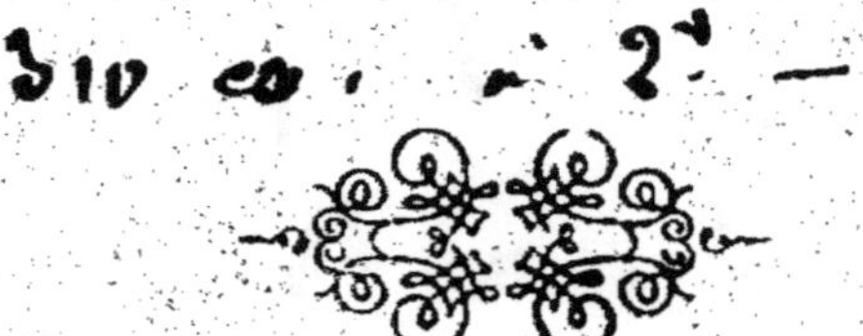

GRENOBLE
Xavier **DREVET**, éditeur
LIBRAIRE DE L'ACADÉMIE
14, rue Lafayette, 14

1878

LA VALLÉE DE LA BOURNE

PONT-EN-ROYANS

LA BALME & VILLARD-DE-LANS

Extrait du journal *le Dauphiné*.

Grenoble. — Imp. Rigoudin

Lith. Allouard rue de Bonne, 3. Grenoble

VALLÉE DE LA BOURNE — PONT EN ROYANS

Mme Louise **DREVET**

Bibliothèque du Touriste en Dauphiné

LA VALLÉE

DE LA BOURNE

GRENOBLE

Xavier DREVET, éditeur

LIBRAIRE DE L'ACADÉMIE

14, rue Lafayette, 14

1878

LA VALLÉE DE LA BOURNE

Voyage de deux jours.

Le *Dauphiné* du 13 août 1868, n° 252, rendait compte d'une réunion qui avait eu lieu le 1ᵉʳ du même mois au Villard-de-Lans. Cette réunion était celle de la Commission interdépartementale instituée pour donner son avis sur le point de jonction des deux chemins destinés à mettre en communication la Drôme et l'Isère.

Après force études de plans et débats, il fut entendu que c'était au lieu dit *Goule-Noire* que les deux chemins devaient se rencontrer.

« Goule-Noire est un des sites les plus sauvages et les moins fréquentés du pays. La grotte qui s'ouvre à cet endroit dans le rocher, haute d'environ huit mètres sous clé, laisse échapper de ses flancs ténébreux une source aussi abondante que bien des rivières ; ses eaux, qui se jettent immédiatement dans la Bourne, coulent sur des roches chargées de mousses noirâtres, qui leur donnent l'aspect du Cocyte, tant de fois décrit par les poëtes. Une autre grotte, située à une fort petite distance en amont de l'autre rive, et qui n'a pas moins de cent vingt mètres de longueur, crée un contraste étrange : on l'appelle Goule-Blanche, sans doute à cause de la lumière qui en éclaire les profondeurs. Si le fameux fleuve Léthé devait sourdre quelque part, c'est là que ses flots commenceraient à couler, et la double fiction de la mythologie antique revêtirait des formes saisissantes tout près de nous.

« La vallée de la Bourne, que l'on parcourra bientôt pour se rendre de Die à Grenoble, ne sera pas moins célèbre que le chemin des Grands et des Petits-Goulets. La nouvelle voie s'élancera du Clot, commune de Saint-Jullien, sur les flancs du rocher de Chalimont, par un long et magnifique encorbellement. Plus loin, deux petits tunnels seront percés, et la ligne de la Drôme suivra les sinuosités des rochers pour se raccorder avec celle de l'Isère, au moyen d'un pont jeté entre les deux grottes dont nous venons de parler et qui formera le point de vue le plus beau que l'on puisse rêver.

« La ligne projetée sur le Villard-de-Lans est le complément nécessaire de cette grande voie, qui deviendra, dans un temps fort court, la voie la plus pittoresque et la plus aimée des touristes dans le département de la Drôme, puisqu'elle offrira aux yeux tantôt étonnés tantôt charmés du voyageur qui se rendra de Die à Grenoble, les perspectives grandioses et abruptes du col de Rousset avec son tunnel de six cents mètres, des Goulets d'un côté, des Gorges de la Bourne de l'autre, sans compter la vallée du Vercors, qui, à elle seule, vaut un voyage. »

J'ai cru qu'il ne serait point superflu de rééditer ces lignes au moment où la voie en projet seulement alors, vient d'être livrée à l circulation. Le *Dauphiné*, qui s'intéressait à la route projetée, ne devait pas être le dernier à parcourir la route nouvelle, et ceci aurait paru depuis longtemps déjà sans une foule d'empêchements survenus à l'auteur.

L'achèvement de cette route n'est point complet encore, cependant; sur bien des points, et pas des moins périlleux, les parapets n'existent pas, les gares d'évitement ne sont pas taillées; sa largeur effective, qui doit être, dans les parties rocheuses, de quatre mètres cinquante et de cinq mètres dans les terrassements, n'a presque nulle part la largeur voulue; de gros quartiers de roche séparés par la mine encombrent l'étroite voie. Cependant, tel qu'il est, ce chemin, que deux départements se sont unis pour ouvrir, dans l'intérêt de leurs habitants, est journellement parcouru par des touristes de tous pays; journellement aussi des voitures s'y engagent transportant des voyageurs effrayés par la longueur des vingt-cinq kilomètres du trajet. Ouverte au tourisme à pied et à cheval, la nouvelle route du Villard-de-Lans à Pont-en-Royans appelle une description, qui ne peut manquer de venir, éloquente et d'un lyrisme à la hauteur des beautés qu'elle est appelée à célébrer.

En attendant qu'un Guide de profession s'empare de ce beau et tentant sujet, je réunis ici quelques notes qui serviront de point de repère au voyageur désireux de visiter la vallée de la Bourne, avant que les moindres coins et recoins de cette vallée aient passé au laminoir de la description; que Goule-Blanche et Goule-Noire aient servi trop souvent d'objectif au photographe et de motif au dessinateur.

Encore une explication avant de commencer.

Il y a deux et même trois manières de faire le petit voyage de Grenoble à Pont-en-Royans, deux manières, par conséquent, de voir la nouvelle route de la Bourne : en montant de Pont-en-Royans au Villard-de-Lans, en descendant du Villard-de-Lans à Pont-en-Royans, et encore, en suivant les Goulets et rejoignant la nouvelle route par la Barraque de Combet. Faut-il monter ? Faut-il descendre ? Là est la question. Plusieurs disent qu'il faut voir la vallée de bas en haut. Quelques-uns, qui ont fait cette course des deux manières, assurent, et j'ai toute sorte de raisons pour les croire, que l'on voit en montant des choses qui passent inaperçues en descendant ; tandis que l'on perçoit, en descendant, des détails restés au second plan à la montée.

Conclusion : il faut visiter la vallée de la Bourne de chacune des deux manières, si on le peut. Si cela n'est pas possible, et que l'on me demande mon avis, je dirai qu'il faut suivre pas à pas l'itinéraire que je vais tracer.

Lecteur ami, vous n'attendiez pas autre conseil de moi, j'imagine.

PREMIÈRE JOURNÉE.

I.

De Grenoble à Pont-en-Royans (63 kilomètres).
Par la route départementale n° 1 de Grenoble à Valence.

Un ami du paradoxe disait à propos de la rapidité
actuelle des voyages, du peu de loisir que l'on a de
voir les sites placés entre le départ et le but :

« Dans quelques années d'ici, on considérera
comme un bienfaiteur de l'humanité l'innovateur qui
réinventera les diligences. »

La proposition est moins paradoxale qu'elle en a
l'air. En effet, le chemin de fer ne peut servir qu'aux
gens pressés et ne devrait être employé que pour les
voyages d'affaires. Une bonne voiture et un cheval
infatigable seront toujours préférés par les vrais
touristes.

On peut aller de Grenoble à la Sône directement
par le chemin de fer. Mais arrivé à la Sône, et quelle
que soit la lenteur proverbiale des trains P.-L.-M.
dès qu'ils touchent le sol dauphinois, le voyageur
sera bien en peine de dire ce qu'il aura vu. Tout au
plus le nom des stations, proclamé par la voix mono-
tone du conducteur du train, aura-t-il frappé son
oreille. Les grandes lignes du paysage entrevues à

travers la portière auront peut-être frappé ses yeux ; mais cette vision aura été si rapide ; si rapide aura été la succession des tableaux sous son regard ébloui d'abord , puis fatigué, qu'il ne se souviendra de rien pour avoir trop vu.

En attendant que l'on réinvente la diligence, contentons-nous d'une bonne voiture à l'allure paisible, voiture découverte, — c'est essentiel, — qui permette d'entrevoir les lignes de l'horizon prochain, tout en laissant encore longtemps à l'admiration la faculté de se repaître des spectacles entrevus.

Prenons donc la route départementale n° 1, large, belle , curieusement accidentée, qui longe la rive gauche de l'Isère et était, il y a peu d'années, le chemin préféré pour les voyages de Grenoble à Romans, de Grenoble à Saint-Marcellin ou de Grenoble à Valence.

Aujourd'hui, déserte au possible, fréquentée seulement par les coquetiers de Saint-Romans et de Saint-Quentin, se rendant le vendredi aux marchés de Grenoble, négligée par le cantonnier, cette belle route paraît être un chemin royal de conte de fée menant à quelque capitale abandonnée depuis cent ans.

L'ordinaire des voyageurs, — et c'est tout naturel, — préfère traverser l'Isère et prendre le chemin de fer à la station prochaine.

De Grenoble à Sassenage et jusqu'à Veurey même, nous nous apercevons peu de ce délaissement. Chacun des villages populeux placés le long de la route a son service de voitures régulier et bien achalandé, faisant plusieurs fois par jour le trajet de leur point de départ au chef-lieu.

Traversons rapidement le cours Berriat, le pont

suspendu sur le Drac, brûlons Fontaine et Sassenage, lieux qui doivent être connus depuis longtemps du voyageur, laissons de côté ce dernier bourg (6 kil.), en face duquel le Drac s'unit à l'Isère, qui reçoit aussi à cet endroit le Furon, descendu de Lans, et continuons à courir dans la plaine à la rencontre de Noyarey (12 kilom.), dont Janin dans son *Monologue* apostrophe les habitants du nom de *Peichou de Noyarey*. La chasse et la pêche sont encore de nos jours les passe-temps favoris des habitants. Un établissement hydrothérapique y fut installé il y a quelques années, mais dut céder le pas à la vogue toujours croissante de Bouquéron.

Trois kilomètres plus loin, nous traversons Veurey, étagé sur les dernières et vertes pentes de la montagne qui ne sera tout à l'heure plus qu'un rocher, mais un rocher célèbre, et dont les flancs recèlent mieux qu'une mine d'or : les belles carrières de pierre de l'Echaillon. Une route qui rejoint Veurey à Voreppe traverse l'Isère sur un pont suspendu.

La pierre de l'Echaillon, très-recherchée pour les constructions et la statuaire, est en certaines parties d'un blanc laiteux, en d'autres d'un blanc rosé, et durcit à l'air ; en sorte qu'elle communique, pour ainsi dire, l'immortalité aux œuvres à la composition desquelles elle concourt.

L'Echaillon est tout à la fois le Carrare et le Paros du Dauphiné ; je pourrais même, sans trop exagérer, dire de la France, puisque, de nos jours, c'est à l'Echaillon que Paris et les grandes villes s'adressent pour avoir ce beau marbre blanc ou rosé qui contribue si bien à orner les palais et les monuments.

Les quatre groupes et les statues intermédiaires de

la façade du nouvel Opéra, les loges principales, les grandes colonnes isolées de la salle, sont en marbre de l'Echaillon ; les colonnes du fond de l'église Saint-Augustin, les fontaines du square de la Trinité et les décorations sculpturales du Palais de justice, tout cela est également en marbre de l'Echaillon.

J'en passe ; ces noms suffisent.

Une vaste usine, très-curieuse, très-intéressante à visiter, élève ses constructions de l'un et de l'autre côté de la route. On peut facilement obtenir de M. Biron, propriétaire des carrières de l'Echaillon, l'autorisation de les parcourir. Si l'on en le temps, on fera bien de ne pas laisser échapper cette occasion de visiter la plus belle usine de taille de pierres et de marbrerie du Dauphiné.

Avant d'arriver au Bec de l'Echaillon, on longe le domaine d'une petite station thermale qui n'a jamais fait beaucoup parler d'elle, bien que l'analyse chimique du docteur Ravanat ait reconnu aux eaux qui l'alimentent les mêmes propriétés médicales qu'aux eaux d'Uriage. L'établissement de bains de l'Echaillon appartient à Mme veuve Bernard.

Mais, continuons ; nous sommes encore bien loin du lieu que nous nous sommes assigné pour but de cette première journée, et tant de choses nous restent à voir !

Jusque-là, la route cotoyant le rocher, on paraissait se diriger en droite ligne sur Voreppe, dont on apercevait à peu de distance en face de soi les toits, les églises et le château, et jusqu'à ce paisible monastère de Chalais assis tout là-haut dans la prairie pentive entourée de forêts. Mais, tournant court, l'on va laisser tout cela derrière soi ; tout, comme aussi l'on va s'éloigner de l'Isère, qui, contrainte et grossie par tous ses affluents, formera un peu plus loin la pointe de Regonfle.

La route continue à serpenter au milieu des vergers et des prairies. Les arbres des vergers sont chargés de fruits, comme les arbres du Paradis terrestre. Plus que des hameaux éloignés ou cachés sous les massifs d'arbres. Point de voitures, point de piétons. On se croirait en plein désert, — un désert civilisé, s'entend. — Cela dure près de huit kilomètres, pendant lesquels nous ne rencontrons ni voitures, ni charrettes, ni voyageurs. Puis, tout au haut d'une colline, surgit une ruine restée insolente, malgré tout ce que le temps a fait pour réduire son orgueil. Cette ruine est connue sous le nom de Tour de Saint-Quentin. Peut-être éprouverez-vous la curiosité d'aller voir de près ce débris superbe. Ne cédez pas à ce mouvement. Une déception vous attendrait. La tour, ou plutôt ce qui subsiste de la tour, n'étant qu'un faible vestige d'une grande forteresse féodale détruite depuis trois siècles, qui jadis s'étendait de la montagne à l'Isère, et s'écroulant, a secoué en pluie sur la colline, comme sur la vallée, les pierres de son donjon et de ses enceintes. Vue de loin, perchée sur sa colline comme sur un piédestal digne de sa grandeur, elle est imposante; de près...... ce n'est rien.

Après Saint-Quentin (25 kilom.), dont la silhouette fantastique disparaît à l'horizon, nous retrouvons l'Isère; voilà Regonfle, c'est-à-dire que sur ce point, entravée dans son cours, son lit presque plat, la rivière s'étend sur une largeur de près d'un demi-kilomètre; c'est un lac...

Un détail un peu lugubre, mais qu'il faut pourtant

consigner : c'est à Regonfle que viennent presque fatalement échouer tous les noyés tombés dans l'Isère en amont ou en aval de Grenoble, ce qui a donné lieu, lorsqu'il est question d'une mort par noyade, à cette expression brutalement réaliste :

« Il a pris son billet pour Regonfle. »

Passons.....

Quelques petits hameaux se rangent le long de la route ou se mettent à l'abri de noyers superbes. Nous retrouvons le bec d'Orient et le pic de Naves, qui, de Noyarey, se montraient à nous si étrangement profilés sur le plus bleu des ciels.

La Rivière, frais et joli village, cache tellement ses toits sous les arbres que nous passerions à côté sans le voir, n'était la carte qui nous guide et le signale à notre attention, ainsi que Saint-Gervais, où nous allons faire halte, notre quadrupède ayant bien gagné, après 35 kilomètres de marche, une heure ou deux de repos — et nous, un peu d'appétit.

D'ailleurs, Saint-Gervais n'est pas un village ordinaire et mérite mieux qu'un coup d'œil en passant.

Celui qui a vu Saint-Gervais il y a quelques années, ne le reconnaîtrait assurément pas ; non qu'un tremblement de terre soit venu détruire de fond en comble ses habitations ou que celles-ci se soient transformées au point d'en devenir méconnaissables. Les changements survenus à Saint-Gervais sont d'une autre nature : l'industrie qui l'animait, l'industrie qui fournissait du travail à tant d'ouvriers s'est retirée ; la fabrique nationale de canons pour la marine est fermée, et de grandes affiches apposées dans tout le département, ainsi que des annonces insérées dans tous les journaux, annonçaient, lors de notre passage, la vente des immeubles ayant servi au logement des directeurs et à la fabrique elle-même.

Une autre industrie viendra-t-elle prendre la place de celle qui faisait vivre tant de familles, ou bien ces bâtiments et ces vastes terrains enclos deviendront-ils la propriété de simples particuliers, qui ne considéreront l'ancienne *Fonderie royale* que comme une maison d'été? A Saint-Gervais, on redoute cette dernière conclusion et l'on espère vaguement une ère de prospérité nouvelle pour la fabrique silencieuse.

Mais avant d'entrer à Saint-Gervais, un rocher surmonté d'une chapelle blanche attire l'attention du voyageur, qui veut savoir sous quel vocable est placé ce lieu de prières. Celui qu'il interroge ne sera pas toujours à même de lui répondre, et en cette circonstance, ça été notre cas. Une bonne vieille que nous questionnâmes sur le but de son pèlerinage, ne sut nous répondre qu'une chose : Elle allait réciter son chapelet dans la chapelle du rocher, parce que la Sainte-Vierge aimait bien les prières qu'on faisait à Notre-Dame d'Armieux.

Une légende presque semblable à celle du *Saut-du-Moine,* moins la fin, est pourtant attachée à cette chapelle et à ce rocher.

C'était au temps où les païens, maîtres de nos vallées, persécutaient tout ce qui ne se prosternait pas devant le Prophète, comme les Bachi-Bouzoucks de nos jours le font, là-bas en Orient, pour tout ce qui tient à la doctrine du Christ. Cependant, malgré les persécutions de ces Sarrasins farouches, les chrétiens, habitants de ces villages, s'agenouillaient toujours devant la croix et invoquaient toujours la Vierge Marie.

Il y avait alors à Saint-Quentin, qui s'appelait en ce temps-là d'un nom autre, une belle jeune fille, nommée Berthe, que, toute petite, ses parents avaient consacrée à la mère de Dieu, dans l'espérance que la mère de Dieu protégerait le pays et le délivrerait des Sarrasins qui l'opprimaient.

— Cette mécréante-là ferait une jolie sultane, dit un jour un des païens, qui avait remarqué la jeune Berthe, et avait pensé qu'elle serait un bel ornement du sérail de son émir, lequel ne saurait manquer de le récompenser richement pour lui avoir amené une si attrayante capture.

Il saisit le moment où la jeune fille s'en allait chaque jour mener au pré ses moutons dociles, et, surgissant à ses côtés comme le loup dévorant qui en veut non pas au troupeau, mais à la bergère, il va pour mettre sur elle une main impie.

— Bonne Vierge, à moi ! crie la Berthe, en grimpant avec agilité le rocher. Je suis à vous, ne me laissez pas emmener !

Il rit, le païen. Si tu n'as que ce secours-là, petite, je puis déjà calculer ce que me vaudra ta prise !

— Tu en as menti, mauvais musulman ! La mère du Rédempteur ne laisse pas périr qui lui demande aide !

En effet, au moment où il s'approche de Berthe agenouillée et priant, un éclair luit, un grand bruit se fait, le rocher se fend en deux, le païen est précipité dans l'Isère, et la chrétienne est sauvée.

On montre encore dans le rocher l'empreinte qu'y ont laissée les deux genoux de Berthé, et c'est à cet endroit même que la chapelle a été bâtie.

Cela se passait dans des temps extrêmement reculés, et l'Isère n'avait probablement pas le même lit que de nos jours, puisqu'elle coule à présent assez loin de là.

Voilà ce que l'on m'a dit du pèlerinage de Saint-Gervais, et ce qu'à Saint-Gervais même tout le monde ne sait pas.

Nous voici au port, c'est-à-dire au port de Saint-Gervais.

La vulgaire mention du dîner trouvera-t-elle place ici? Pourquoi pas! En voyage, se restaurer fréquemment est presque un devoir, et, lorsqu'on le peut, il est permis de se mettre à table aussi souvent.... que dans l'*Ami Fritz*.

Donc, mes lectrices sauront qu'on peut trouver au port de Saint-Gervais un dîner où la quantité ne fait pas tort à la qualité.

Après dîner, aller voir le pont suspendu sur l'Isère. A partir de ce point, la rivière, qui a pris une belle couleur vert-sombre, va s'encaisser entre deux hautes berges qui opposeront à ses caprices des digues qu'elle ne pourra surmonter.

A Saint-Gervais, vient aboutir le chemin conduisant, par le *Pas de l'Echelle*, à ce qui fut jadis la *Chartreuse des Ecouges*. Une promenade aux Ecouges, par le chemin muletier qui y mène, pourrait agréablement occuper une journée.

Mais, pour la faire, il faut absolument, en l'état actuel de ce chemin, qui n'est même pas accessible à tous les mulets, avoir ce qu'on appelle le pied et l'œil montagnards; car à certain endroit, le *Pas de l'Echelle*, par exemple, le chemin, copie exacte de l'ancien *Frou du Guiers*, large au plus d'un mètre vingt centimètres, est formé de troncs d'arbres posés en escalier le long

du rocher, au bord de l'abîme où la Drevenne roule
ses eaux. Et l'on compte trente-six de ces singulières
marches à cette échelle.

Un jour, cependant, nous vous guiderons jusqu'à
ces vallées supérieures où, dans les plus belles prairies qu'il soit possible de voir, paissent d'innombrables
troupeaux de vaches, de moutons, qui rappellent les
émigrations pastorales de la Bible.

Là-haut, dans ces solitudes à peu près inconnues,
un homme jeune, riche, intelligent, — à qui un peu
d'ambition serait facilement permise, car on ne lui
supposerait pas l'idée de convoiter le bien du prochain,
— a installé, d'après les meilleures méthodes, une
exploitation agricole de haute importance, dont il ne
dédaigne pas de surveiller les moindres détails, et,
chaque semaine, les produits de ce domaine, qui n'a
pas, dit-on, moins de douze à quinze cents hectares
d'étendue, descendent, par le déplorable chemin que
je viens de décrire, alimenter les marchés de la plaine.

En passant, je signale à qui de droit l'importance
qu'aurait pour toute cette région, je ne parle pas même
des curieux, l'exécution immédiate du chemin qui est
depuis si longtemps à l'étude. Le propriétaire des
Ecouges, M. Chabert d'Hières, a lui-même offert,
m'a-t-on dit, une contribution de 25,000 francs.

Peu après Saint-Gervais, voilà Rovon, puis une
foule de petits hameaux que la route ne traverse pas.
A gauche, se détache un chemin qui mène à Cognin,
et, de Cognin, aux *Gorges de Malleval*. Ces gorges
deviendront probablement aussi célèbres un jour que
le plus célèbre de nos passages montagnards. En attendant, nous traversons le Nan torrentueux, et nous
poursuivons.

Voici Izeron, son île dans l'Isère, son superbe pont suspendu qui fait de loin l'effet d'un fil d'araignée ténu. A cinq kilomètres au-delà se trouve Saint-Marcellin.

A gauche, une ruine originale se détachant sur l'horizon en découpures fantastiques, appelle vivement l'attention du voyageur, qu'il soit archéologue, historien, artiste, poëte ou, simplement comme nous, passant.

Cette ruine historique, qui fut un palais quasi-royal, puis un couvent, défendue par un large fossé taillé en plein roc, rappelle, en son état actuel, les constructions fantaisistes sorties du crayon de Doré ; avec ses déchirements, ses balafres, ses irrémédiables blessures, l'amas de décombres qu'il faut franchir pour la visiter, il semble impossible qu'elle ait jamais pu servir d'habitation humaine. Un reste de chapelle, des pans de murs couverts de lierre, percés çà et là d'une fenêtre à ogive, la porte extérieure, une caverne creusée dans la roche vive, et qui, par sa position souterraine, semblerait avoir été une cave ou un caveau, — les deux ne sont pas synonymes — mais que la tradition affirme avoir été un colombier, voilà tout ce qui reste de l'immense château delphinal de Beauvoir. Quelques maisons, pour l'édification desquelles on a employé sans façon les matériaux du château ruiné, s'élèvent à l'ombre des débris du manoir féodal et forment, avec leurs 169 habitants, la petite commune de Beauvoir-en-Royans.

Ces ruines mériteraient, même du simple passant, une visite. En effet, leur vue fait arriver à l'esprit trop de pensées pour qu'on ne soit pas tenté d'aller voir de près ces murailles contemporaines des faits les plus récents de notre histoire locale. Le poète déplorera qu'une main impie ait osé abattre « ces créneaux altiers qui menaçaient les cieux;» le penseur s'affligera, car il attribuera à l'une de ces révolutions périodiques ayant trop souvent ébranlé notre sol, la ruine du vieux manoir. Quelle sera la surprise du poète et du penseur, lorsque l'historien, implacable comme la vérité, leur dira : « Cette destruction qui vous attriste n'est pas l'œuvre d'une réaction populaire, c'est celle d'un roi.» Louis XI, le profond politique, le premier souverain qui ait osé s'attaquer à la féodalité, fut aussi le premier qui osa porter une main destructrice sur Beauvoir. Etrange!

Vous voyez que les occasions de faire l'école buissonnière ne nous manqueraient pas. Ceci s'explique : la manière de voyager ordinaire faisant que les voyages, même ceux appelés *d'agrément,* n'ont rien d'agréable que leur but, le chemin paraît toujours long. Dans celui-ci, au contraire, le but étant la route elle-même, du commencement à la fin, le voyage est intéressant.

Mais le temps s'écoule, et nous traversons Saint-Romans à la dernière heure du jour.

Peu après avoir quitté ce petit bourg, la route, tracée presque au sommet d'une haute colline, domine un paysage a l'heure où nous sommes, prend des proportions immenses et un caractère prestigieux. Tout le Royans, avec sa nature riche, variée et féconde, ses frais et pittoresques villages, ses châteaux ou ses couvents en ruines, est à nos pieds. Ah! que de choses à voir, et quel regret on éprouverait de passer si vite, si l'on n'avait l'espoir, un jour, de revenir!

Mon Dieu ! que notre pays est donc beau, et que de découvertes nous avons encore à y faire !

Nous regardons encore une fois ces vallées profondes, ces monts aux sommets boisés et qui ne nous rappelleraient en aucune manière les Alpes, si la Grande Moucherolle ne se dressait là-bas, à la ligne de l'horizon ; cette Isère fantasque, ici, moins désordonnée dans ses caprices, et qui, grossie de tous ses affluents iséréens, va entrer dans le département de la Drôme ; puis, nous tournons court ; tout cela s'efface dans le lointain et dans la nuit. La rou'e est pierreuse, aucun ombrage ne la protège ; elle s'encaisse entre deux rochers, coupés pour lui frayer passage. Et, pourtant, ces collines qu'elle parcourt furent autrefois couvertes d'arbres magnifiques. Sous les ramures touffues de la forêt de Claix, réserve cynégétique des Dauphins, prospéraient le bouquetin, le cerf et le dix-cors. Où sont ces races disparues? Qu'a fait le temps de cette civilisation dont cinq siècles à peine nous séparent? Autant demander : Où sont les neiges d'antan?

L'obscurité est complète ; nous allons avoir une de ces nuits sans lune où les ténèbres deviennent presque tangibles.

Rassurons-nous ; le but que nous nous proposions d'atteindre, dans cette première journée, est proche. Après quelques kilomètres de montée, de descente, sur une route poussiéreuse et absolument solitaire, nous voici arrivés à Pont-en-Royans.

DEUXIÈME JOURNÉE.

I.

Pont-en-Royans.

Le voyageur qui arrive à Pont-en-Royans le soir, et ne voit la ville que le lendemain à son réveil, peut croire que, pendant la nuit, un de ces démons familiers qui soulevaient pour Lesage le toit des maisons, afin de lui montrer les coulisses de la comédie humaine, l'a, durant son sommeil, transporté dans une de ces bourgades italiennes si souvent reproduites par la peinture et que l'on voit accrochant leurs maisons hautes et sombres au flanc d'une roche couronné d'une forteresse en ruines. Rien de ce qu'il découvre dans la petite cité royannaise ne lui rappelle le Dauphiné, ne peut lui laisser croire qu'il est encore en Dauphiné.

Le soleil ne s'élève qu'assez tard au-dessus de la muraille rocheuse qui sert de toile du fond. Jusqu'à une certaine heure de la matinée, tout le Royans resplendit déjà de lumière, le Pont est encore dans l'ombre. Mais, voici l'astre, chaque détail s'accuse en reliefs magnifiques ; on est ébloui.

Le bizarre, l'étrange, l'impossible, se sont réunis pour composer un paysage à Pont-en-Royans. Les routes par lesquelles on y arrive sont des curiosités ; la Bourne qui l'arrose est une merveille ; ses maisons voisinant par dessus l'abime qui les sépare, sont des défis jetés aux lois de l'équilibre ; rien de plane, rien de banal, rien qui ressemble à ce que l'on a déjà vu. Aussi, Pont-en-Royans, chef-lieu d'un pays remarquable, découvert par les paysagistes longtemps avant de l'être par les voyageurs, Pont-en-Royans, ancienne capitale d'une principauté, s'il vous plaît, et qui, maintenant, commande à deux chemins classés parmi les sites les plus pittoresques de France, sera-t-il sous peu une de ces stations obligées où l'on rencontrera des représentants de toutes les nationalités du monde.

Les caravanes de touristes vont s'y succéder ; les hôtels existant vont s'améliorer. Pourvu, du moins, que leurs prix restent modestes et que les truites de la Bourne, de si belle mine sous leur armure d'argent, demeurent accessibles à la bourse du plus humble des voyageurs !

Pont-en-Royans n'a qu'une rue ; mais quelle rue ! D'un côté les maisons se soudent au rocher, comme les coquillages à la falaise ; de l'autre, elles se suspendent sur l'abîme au fond duquel la Bourne roule, comme des nids de mouettes habituées à l'orage. Vues d'en bas, ces constructions aériennes échafaudées sur pilotis, hautes de quatre à cinq étages dont le dernier est au niveau du chemin, paraissent toujours prêtes à crouler ; le moindre vent, semble-t-il, va être pour elles ouragan formidable.

Pont-en-Royans a ses diverses parties reliées entre elles par un pont. Mais quel pont ! A cinquante mètres de profondeur, la Bourne, aux eaux d'émeraude, s'allonge et glisse sur un lit de galets. On y arrive par des escaliers aux marches boiteuses et noires de mousses, que ne protége ni parapet ni rampe. Au moment où, penchés sur la balustrade à jour du Pont-Picard, mes compagnons et moi nous contemplions le torrent aux attirances perfides, une bande d'enfants de cinq à dix ans descendait en courant, sans souci du vertige, ces degrés effrayants, mal consolidés, qui cotoient l'abîme et y aboutissent. Arrivé au bord de l'eau, tout ce petit monde jette bas les diverses pièces de son costume, et, transformé en tritons, plonge et joue dans l'eau transparente. Le plus âgé entraîne les autres. Tout à coup, la chaîne se brise..... Plusieurs têtes disparaissent dans un tourbillon ; mais un baigneur plus habile s'élance, repêche un nageur, puis deux, puis trois. Enfin, tous sortent sains et saufs et même sans émotion. C'est un accident si ordinaire à Pont-en-Royans et dans la Bourne ! Le torrent a des séductions si irrésistibles, qu'on se confie à lui tout en sachant bien qu'il peut vous envelopper dans un de ses replis et vous perdre.

Il ne faut pas manquer de visiter les fabriques d'objets en buis tourné qui sont une des principales industries du pays. Deux des fabricants du Pont, MM. Claude-Mary Moyet et Léon Guillot, préparent pour la future Exposition universelle une remarquable collection de services de table, boules, quilles, bilboquets, objets d'utilité ou de fantaisie ; enfin, tout ce qui concerne l'art si curieux et si intéressant du tourneur ; un art à son aurore, mais qui ne demande qu'à grandir et à faire la fortune de Pont-en-Royans.

La visite du bourg, celle de ses fabriques, de son pont, de ses ruelles, et, si vous tenez à tout voir, de son vieux château ruiné, vous occuperont une heure ; déjeunez légèrement et, pour profiter des heures de fraîcheur, mettez-vous en chemin avant que le soleil ait chauffé à blanc la route montueuse et pierreuse que vous avez à parcourir.

Avant de quitter la petite ville royannaise, je devrais dire un mot de ses hôtels et des facilités que peut y trouver le voyageur. Je dois à la vérité de déclarer que je ne connais qu'un hôtel à Pont-en-Royans, — peut-être n'en existe-t-il pas d'autre, — l'hôtel Dubouchet, et que j'y ai toujours trouvé bon accueil, bonne table. Quant au reste, certainement on est plus confortablement installé au Grand-Hôtel de Paris ou même seulement dans les caravansérails d'Interlaken et de Chamonix. Mais Pont-en-Royans ne fait pour ainsi dire que naître au tourisme. Ce qu'il possédait lui avait toujours suffi. Lits, chambres, tables, service, tout avait, jusqu'à présent, paru plus que convenable. J'ai trop bonne opinion de l'esprit de nos hôteliers dauphinois pour ne pas être sûre qu'ils sauront tourner leur voile du côté où le vent souffle et se tenir prêts, si la Fortune les leur envoie, à recevoir convenablement tout un monde de voyageurs.

La critique est aisée et elle est trop méritée souvent. Mais que Sa Majesté le Public considère que Paris lui-même ne s'est pas bâti en un jour.

Cette naïveté servira, pour cette fois, de mot de la fin.

II.

La Route : De Pont-en-Royans à la Balme.

Lorsque nous visitâmes cette vallée de la Bourne, hier encore inconnue et dès aujourd'hui célèbre, l'automne était arrivé amenant des torrents de pluie qui, tombant sans relâche pendant une semaine, avaient changé en rivières tapageuses les moindres ruisseaux et les filets d'eau glissant le long des rochers en cascades bruyantes.

De tous côtés ce n'étaient que susurrements de sources, clapotements « des flots se jouant sur les flots », grondement des vagues roulant dans leurs replis des blocs de taille colossale arrachés à leur bord.

Après ces quelques jours orageux, le soleil avait reparu plus brillant et plus chaud que jamais, le ciel était redevenu bleu et il ne restait de sa récente colère qu'un spectacle magnifique, fourni par toutes ces eaux sorties de leurs bornes et traversées par les flèches d'or de l'astre.

De la terre humide et fortement chauffée par un soleil réparateur s'élevaient des nuées de vapeur montant comme les fumées de l'encensoir, dans ce que les poètes appellent l'éther. Puis c'étaient des arcs-en-ciel immenses s'étendant d'un mont à l'autre comme des ponts célestes. Des nuées de corbeaux décrivaient dans les airs des orbes fantastiques, cherchant probablement à découvrir sur cette terre échappée à un nouveau déluge un butin digne de leur voracité.

Ce paysage, qui se compose d'un torrent et de rochers et qui se relève de cette extrême simplicité de composition par une exceptionnelle grandeur, se présentait donc à nous dans les conditions de beauté les plus heureuses et les plus rares. Je doute qu'il se soit montré souvent à ses admirateurs avec ce luxe d'eaux jaillissantes, de cascades irisées, cette intensité de lumière, d'animation, de vie, tel enfin qu'il s'offrit à nous ce jour là. Ce serait trop féerique ! Aussi ne vais-je pas essayer de vous raconter cette vallée de la Bourne, belle comme à travers une vision ; elle ne manquera pas plus d'historiographe qu'elle n'a manqué de photographes et de dessinateurs. Moi, je ne saurais dire ce qui m'a semblé un rêve.

Quand on quitte Pont-en-Royans au lever du soleil, la petite ville remuante et affairée vaque depuis longtemps à ses occupations ; ses fabriques sont en pleine activité ; le voyageur est chez lui dans ce pays où il n'est encore qu'un accident, où aucune spéculation ne s'établit encore sur sa présence et où il n'est pas, lui-même, un événement.

La route qui traverse dans sa longueur la vallée de la Bourne porte tout uniment, sur le cadastre, la dénomination de Chemin de communication, n° 2, de Pont-en-Royans au Villard-de-Lans.

Longtemps projetée, longtemps rejetée, à cause des dépenses extraordinaires auxquelles sa construc-

tion allait entraîner les deux départements intéressés
à y contribuer, cette route fut enfin commencée au
printemps de 1868, sous la direction de MM. Chau-
martin et Bache, par M. Serratrice, qui, avant, pendant et depuis l'achèvement, avait déjà exécuté dans
le département de l'Isère plusieurs ouvrages d'importance égale, tels que la route forestière de la Chartreuse par la Charmette.

Ce n'était point une œuvre aisée que la nouvelle
voie à ouvrir. Il y avait des montagnes à escalader,
des rocs à perforer, des ravins à tourner, des torrents
indisciplinés à contenir ou à traverser, enfin toutes
les difficultés inhérentes à une semblable entreprise se
présentaient aux exécutants, qui ne s'effrayèrent de
rien. Ils firent venir de Piémont une armée d'ouvriers.
Ce sont les Piémontais qui travaillent à nos mines,
construisent nos routes, et même édifient les forts
destinés à défendre notre frontière alpine. C'est dans
les vallées d'Aoste, d'Oulx, de Fénestrelle, que les
entrepreneurs dauphinois s'en vont chercher ces travailleurs d'une force herculéenne, d'une sobriété qui
ne se dément que les jours de paie — jours où, mal-
heureusement, le couteau sort trop promptement de la
ceinture; — habiles à manier la masse et le fleuret,
que l'on voit descendre en groupes le dimanche vers
la ville, où leur costume de velours brun, qui passe-
rait volontiers pour un uniforme, leur teint bronzé,
leurs yeux noirs et surtout leur parler italien bref et
rapide, les font facilement reconnaître.

La route n'étant pas achevée lorsque nous la parcourûmes, nous vîmes donc encore quelques campe-
ments de ces travailleurs dont la rencontre, dit-on,
n'est pas toujours agréable. C'était l'heure du repas,

et la traditionnelle *pollenta* emplissait la noire marmite de fonte de sa pâte d'un jaune d'or. Quelques tranches de pollenta et un verre d'eau constituaient tout le dîner de ces rudes travailleurs. Mais quel dédommagement ils s'offrent quand vient le jour du repos ! Les cantines en savent quelque chose.

1870 et les douloureux événements de cette année maudite interrompirent des travaux qui n'étaient pas encore très-avancés. Tant que dura la guerre, on avait bien autre chose à faire que d'ouvrir des routes, d'exécuter des travaux d'embellissement ou même de viabilité... Tout fut donc suspendu, mais pour être repris avec activité dès que la paix nous fut rendue.

C'est en 1874 que le chemin de Pont-en-Royans à Villard-de-Lans, quoique incomplétement achevé, fut livré à la circulation, et c'est cette année là même que nous le parcourûmes.

Un des détails qui nous frappa le plus, et qui ne laissera indifférent aucun voyageur, ce fut ce cirque de rochers gigantesques s'ouvrant à droite et dont la cime porte en couronne les arbres de la forêt de Tende. Du haut de la paroi perpendiculaire se précipitent plusieurs cascades dont le bruit lointain ajoute une harmonie à celles qui charment déjà le passant et une beauté à cette route si riche en merveilles de cette nature. Le Bournillon, qui apporte le tribut de ses eaux à la Bourne, arrive de la commune de Saint-Julien (Drôme). Il s'apaise un peu sur le vert tapis de prairies qu'il rencontre avant d'arriver à la Bourne, qu'il égale souvent comme volume et comme tapage.

Peu après Pont-en-Royans, on a rencontré Choranche, village doté d'une source d'eaux minérales sulfureuses qui ne nous semble pas destinée à un

grand avenir. On traverse le pont jeté sur le ruisseau
de Presles, près du ravin de Gournier, et l'on arrive
après huit ou dix kilomètres de marche ascensionnelle
à ces fameux encorbellements qui dépassent en hardiesse ceux des Goulets et constituent les travaux
d'art du Tournel pour la traversée des rochers d'Ar-
bois.

Un de nos dessins essaie de rendre la physionomie
étrangement bizarre de cette route qui se glisse entre
les roches ouvertes comme deux lèvres, sortant d'un
tunnel, pour se perdre dans un autre, se suspendant au
moyen d'aqueducs, se garantissant contre les chutes
d'eau ou de pierres au moyen d'encorbellements, pla-
nant comme un sentier de chamois au-dessus des
abîmes, et toujours belle et sans danger.

La Bourne, profondément encaissée dans ce lit de
roc qu'elle se creuse patiemment depuis des siècles,
roule en cet endroit à cent cinquante mètres de profondeur. On l'aperçoit à peine ; on ne l'entend presque
plus. Les roches se resserrent et s'élèvent ; la clarté
du soleil n'arrive pas toujours dans ce passage étroit,
humide, où vit cependant une famille de cantonniers
campée dans une maisonnette chétive à l'entrée d'une
grotte des parois de laquelle suinte constamment une
eau glacée. Encore un tunnel. Ensuite, les rochers
s'écartent, un peu d'herbe, quelques arbres se montrent ; on atteint le frais et joli village de la Bahme.
Une petite halte est ici de rigueur.

III.

La Route : De la Balme au Villard.

La moitié du chemin est faite. Douze kilomètres environ séparent la Balme-de-Rencurel de Pont-en-Royans, comme douze kilomètres la séparent du Villard-de-Lans. On ne pourrait mieux choisir le lieu d'une étape. Aussi, le touriste de belle humeur ne peut il s'empêcher de fredonner, en arrivant à la Balme, le fameux : « Arrêtons-nous ici, » du *Chalet.*

Que dirai-je de la Balme, type gracieux du village alpin aux maisons neuves, qui chasse la routine, ouvre ses portes au Progrès et apparaît tout à coup comme une oasis au sortir du désert, avec ses hôtels aux propriétaires empressés, ses prairies veloutées allant de la forêt au torrent, ses sapins superbes et la Bourne calmée qui roule avec de doux murmures ses eaux semblables à des blocs de cristal vert?

Séparée jusqu'à ces temps derniers du reste du monde, ne communiquant avec les pays circonvoisins que par des sentiers dangereux en été, impraticables en hiver, la l'alme, grâce au chemin n° 2, prend place parmi les étapes favorites des touristes. On ne fait encore qu'y passer ; bientôt, on ira pour y respirer à pleins poumons l'air pur des hauteurs. Ce sera une station de santé ; les médecins bien avisés y enverront leurs malades atteints du mal du siècle ou de la mal'aria des villes.

Ses hôtels auront des majordomes majestueux, des sommeliers remplis d'importance.

La gentille petite posada de Daniel Arnaud sera devenue un hôtel « de premier ordre » sur la table duquel s'accumuleront les mets les plus compliqués et les plus rares. Oh ! les belles et vives truites de la Bourne ; oh ! le beurre parfumé des montagnes, vous êtes aujourd'hui le principal, vous ne serez plus que l'accessoire. Vous qui me lisez, allez vite voir la Balme avant qu'elle ait atteint ce degré de civilisation qu'elle ambitionne peut-être, et qui nous fera fuir, hélas ! nous, promeneurs modestes, qui aimons les célébrités avant la lettre et les bergères avec leurs simples atours.

La Balme, par sa position centrale au milieu des routes qui viennent toutes converger vers elle, deviendra dans un temps très-prochain le point de départ d'excursions charmantes : les Grands-Goulets, la vallée du Vercors, Saint-Agnan et Die, par la traversée du col du Rousset, au moyen d'un tunnel d'une longueur de 600 mètres, au sortir duquel l'on embrasse toute la vallée de la Drôme. Je rappelle ici la route en construction de Saint-Gervais par le Pas de l'Echelle, dont j'ai parlé plus haut, qui aboutit également à la Balme, et mettra en communication les plaines de l'Isère avec les hautes vallées des Quatre-Montagnes.

Vous voulez une description du chemin qui sépare la Balme-de-Rencurel du Villard-de-Lans..... Je ne la ferai pas, préférant vous déclarer ingénument que

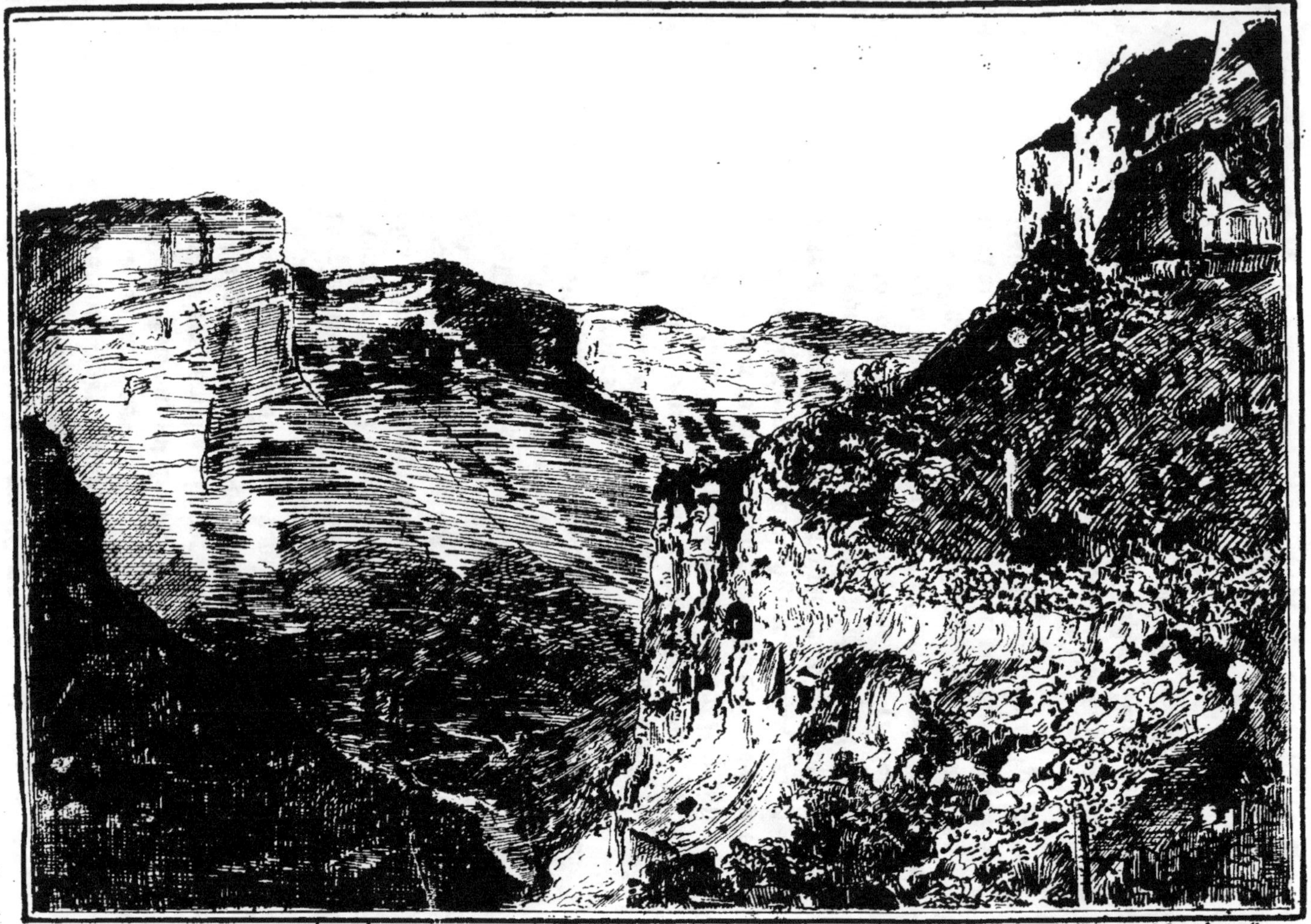

VALLÉE DE LA BOURNE — LES ROCHERS DE BOURNILLON

ce chemin échappe, par sa variété, par ses contrastes continus à toute analyse.

Comment vous dire, en effet, les beautés terribles de cette Goule-Noire, parfois plus volumineuse que la Bourne elle-même, qui se précipite avec des bonds de panthère allant prendre un bain au torrent?

Comment vous dépeindre les beautés mystérieuses de cette grotte aux claires profondeurs, d'où la Goule-Blanche sort comme une nymphe habillée d'aurore qui viendrait retremper son corps souple dans les eaux froides des cascades?

Comment, encore, vous décrire le travail incroyable auquel s'est livrée la Bourne pour ciseler, dans un roc dur comme du marbre, le lit où elle déroule, tantôt à vos côtés, tantôt au fond d'un abîme, ses flots toujours agités?

Et ces rives, hautes et droites comme les murailles d'une forteresse, où le règne végétal n'est représenté que par quelque sapin éploré et rare, tendant au-dessus du vide ses longues branches?

Et ces ponts d'une hardiesse sans pareille, grâce auxquels vous passez de l'Isère dans la Drôme, de la Drôme dans l'Isère, sans même vous en apercevoir?

Et cette route aérienne, qui permet au voyageur de voir dans la même journée et la vallée de la Bourne et celle d'Echevis par les Grands et Petits-Goulets?

Faites-vous montrer par quelque habitant du pays le sentier diabolique appelé le Pas-des-Rages. Je vous promets, à sa vue, un bon mouvement d'effroi rétrospectif.

Hélas! ma pauvre plume, c'est ici qu'il te faut avouer ton incompétence. Tu t'épuiserais en vain à chercher des traits pour bien rendre l'image de ce pays grandiose et simple, tourmenté et sauvage, effrayant parfois, ravissant par intervalles, imposant toujours, si le crayon ne te venait à l'aide et ne suppléait à ta pauvreté. Mais le crayon lui-même ne saurait tout rendre ; aussi ma conclusion forcée est-elle toujours celle-ci : Allez voir.

Par exemple, si vous êtes géologue, n'oubliez pas de vous faire signaler le vallon de la Ferme de Ravix, où votre marteau découvrira presque à fleur de terre des gîtes fabuleusement riches de bélemnites, d'ammonites et autres précieuses épaves des lointaines révolutions subies par notre globe.

Vous ne passerez pas non plus indifférent auprès de ce rocher en pyramide qui se dresse unique, isolé, au milieu du pré en pente, émergeant des herbes comme l'aiguille de Cléopâtre et l'obélisque de Louqsor émergeaient des sables, plus âgé que ces merveilles de l'art monumental égyptien, puisqu'il est contemporain du monde ; plus grand qu'elles, parce qu'il est l'œuvre de celui « à qui rien n'a coûté. »

Si l'œuvre de la nature est prodigieuse dans ces parages où seule elle régnait en souveraine absolue, le travail accompli par l'homme pour rendre accessibles ces défilés mystérieux est si étonnant qu'on ne peut se défendre d'un sentiment d'émerveillement continu tout le long du parcours.

Je vais placer ici quelques indications techniques indispensables à celui qui parcourt pour la première fois cette route admirable. Je dois les noms et indications d'élévation et de distance à l'obligeance de M. Serratrice, entrepreneur de travaux, sous les ordres duquel a été exécuté ce chemin curieux.

A quinze cents mètres environ de la Balme, la route a rencontré le rocher du Gourgayet, qu'elle a traversé au moyen d'un encorbellement d'une longueur de 25 mètres. A cet endroit, la Bourne, resserrée par un redan de rochers, tombe en une série de cascades d'un effet saisissant. A droite s'étend l'immense forêt de Basse-Valette (Drôme). A gauche s'élancent plusieurs cascades arrivant des montagnes du My de Rencurel.

C'est à un kilomètre au delà que l'on arrive à la Goule-Noire, au pont traversant les deux rives par une voûte de 32 mètres et dominant la Bourne de 35 mètres ; près de ce pont, d'une structure si hardie, vient se souder le chemin de Die (Drôme), par Saint-Julien et le Vercors qui doit traverser Chalimont et la forêt de Tende, à une hauteur de 1,500 mètres au-dessus des plaines.

Notre dessin représente le pont du Gouffre-du-Moulin ou de Val-Chevrière, dont la voûte, construite en anse de panier, a une longueur d'environ 24 mètres sur 12 de hauteur. Deux piliers de rochers, hauts de 250 à 300 mètres, supportent ses assises. De l'un d'eux s'échappe une miniature de cascade.

Du Gouffre-du-Moulin à Goule-Blanche, c'est-à-dire pendant près d'un kilomètre, se trouvent tant de murs de soutènement, de parapets, de gares d'évitement, de cassis, d'aqueducs, d'encorbellements que, si peu habitué que l'on soit à se rendre compte des difficultés attachées à l'art de l'ingénieur, on est saisi d'étonnement par le spectacle de tant d'obstacles vaincus.

Si l'intérêt que présente la route de la Bourne pouvait être condensé quelque part, ce serait là, assurément.

Bientôt se présente le grand encorbellement de Goule-Blanche. Puis, de l'autre côté de la Bourne, apparaît l'ouverture de cette fameuse grotte, gigantesque réservoir où viennent s'accumuler toutes les eaux fournies par les montagnes de Corrençon et de la Grande-Moucherolle.

Une planche jetée sur le torrent nous permit la visite d'une partie de cette grotte qui dresse à une hauteur prodigieuse l'ogive de sa voûte, toute constellée de pétrifications et doit son nom poétique à un jet de lumière qui lui arrive on ne sait d'où par une fissure de la montagne.

Un peu plus loin, on atteint la Corniche ; ensuite se présentent le tunnel du Ranz-des-Chèvres et celui du Grand-Couloir; tous deux ne sont élevés au-dessus de la Bourne que de 20 à 25 mètres. Et cependant, c'est comme au fond d'un précipice qu'au sortir de chacun de ces tunnels on entend mugir les eaux tumultueuses du torrent.

Encore un pont : celui-ci, qui a deux arches, est le pont de Méaudre. Du tunnel du Grand-Couloir au pont de Méaudre, la Bourne et le chemin ont, à eux deux, rempli tout le fond du précipice, la Bourne se faisant toujours la part du lion et le chemin étant contraint de s'accrocher d'ici et de là pour se soutenir.

Enfin, la Bourne et le chemin glissent côte à côte et de niveau. L'on est au hameau des Jarrands, sur la commune du Villard-de-Lans et trois kilomètres d'un parcours relativement facile séparent le voyageur de la principale agglomération du canton. Un dernier pont-biais à traverser, celui-ci sur la Bourne même, et n'ayant pas moins de 9 mètres 75 de largeur; on le franchit ; on gravit aussi vite que le permet la force de ses poumons la pente raide, appelée montée du Plâtre, au sommet de laquelle sont bâties, en plaine, les maisons du Villard..... et l'on est arrivé.

IV.

La vallée de Lans.

Si la vallée de Lans avait à son horizon le moindre glacier...

Mais, que parlé-je de glacier ? La vallée de Lans a bien mieux que cela.

Située à mille mètres et plus d'altitude, arrosée par une multitude de ruisseaux limpides, c'est une prairie toujours verte, où paissent des troupeaux de race renommée.

Elle a pour horizon cette splendide chaîne de montagnes qui va des Trois-Pucelles à la Croix-Haute et dont la Grande-Moucherolle est le diamant.

Elle a ces vastes forêts où l'ours gîte encore et qui la sépare de la Drôme et du Vercors.

Elle a sa flore spéciale, si riche que, depuis longtemps déjà, elle a été signalée au monde savant par les travaux des de Jussieu, de Candolle, Villars, et tout récemment encore par l'étude botanique intitulée *Herborisation à la Moucherolle*, publiée par le *Dauphiné*, puis tirée à part, et qui a pour auteur l'archiprêtre du canton, M. l'abbé Ravaud. Je renvoie à ce consciencieux et savant travail ceux de mes lecteurs qui voudraient enrichir leur herbier des plantes originaires de cette vallée, où ils trouveront des espèces, sinon des familles, peu communes et même introuvables ailleurs.

La vallée de Lans a encore son vallon de la Fauge, si célèbre dans le monde de la géologie, et qui recèle les fossiles les plus diversifiés et les plus étranges.

Elle a tout autour d'elle des buts d'excursions ou d'ascensions qui lui attireront toujours les touristes de première force comme ceux plus modestes dans leurs ambitions.

La vallée de Lans n'aurait donc pas besoin d'un glacier.

Et cependant voyez combien la nature a été prodigue envers elle : elle a mieux qu'une plaine de glace étalant en plein soleil ses moraines, sa surface tourmentée, ses crevasses ; elle a sa magnifique glacière de Corrençon, palais de cristal bâti pour des fées, où le voyageur n'entre qu'avec un sentiment d'admiration et de surprise suscité par des merveilles auxquelles rien de ce qu'il a vu jusqu'alors ne l'a préparé. Cette grotte, une réalité, laisse bien loin les rêves les plus fantastiques, les conceptions les plus romanesques des poètes du Nord : Andersen, le conteur danois, n'a pas bâti une demeure plus éblouissante pour sa *Vierge des Glaciers.*

Il était quatre heures de l'après-midi quand nous arrivâmes au Villard. Nous avions quitté Pont-en Royans à huit heures du matin. Mais nous n'avions pas ménagé les haltes ; et, dans l'émerveillement continuel où nous avaient plongés toutes ces eaux, tous ces rochers, tous ces effets de lumière, nous avions laissé passer sans nous en apercevoir l'heure de notre repas du milieu du jour. L'air apéritif de la vallée

nous rappela impérieusement cet oubli et nous en-
trâmes pour nous restaurer dans l'hôtel qui passait
alors comme aujourd'hui pour le plus confortable du
bourg. L'accueil que nous y reçûmes ne fut pas des
plus empressés ; le dîner fut des plus maigres, le vin
des plus bleus... Il y a quatre ans de cela. Le mieux
est d'oublier une déception, en somme assez fréquente
en voyage.

Les choses ont bien changé aujourd'hui ; la maison
en question n'a plus les mêmes maîtres. Jeune, labo-
rieux, intelligent, le nouvel hôtelier et sa femme ont
à cœur le bien-être des voyageurs que la Fortune leur
envoie. Petite maison deviendra grande ; mais, j'en
suis sûre, l'accueil qui attend les touristes restera le
même. La prospérité ne changera pas maître Imbert.

La vallée de Lans paraît, au premier abord, absolument isolée des pays circonvoisins. Elle communique pourtant avec eux, soit par des routes neuves
et bien entretenues, soit par des cols d'un accès plus
ou moins facile.

Les routes sont celles de Lans, d'Autrans, de
Méaudre, de Corrençon, sans compter celle de la
Bourne, par laquelle on est arrivé et celle d'Engins
par laquelle on va partir.

Les cols sont le col Vert, le col de l'Arc, échan-
crant tous deux la barrière de montagnes élevées qui
s'interpose entre la vallée de Lans, celle du Graisivaudan et les plaines de la Gresse ; le Pas de la
Sambu, par lequel on descend dans le Vercors.

On en aurait pour longtemps si l'on voulait tout
parcourir, tout voir.

Mais ce que l'on serait impardonnable d'oublier, si
on sait marcher et supporter un peu de fatigue, c'est

l'ascension de la Moucherolle, pénible sans doute, mais non dangereuse, ascension qui a été racontée deux fois dans le *Dauphiné*, avec des détails sur lesquels je ne puis et ne saurais revenir, par M. Emile Viallet, le premier ascensionniste qui en ait atteint le sommet par la vallée de la Gresse, et par M. le prince Alexandre Bibesco, lequel a exécuté cette ascension l'année dernière et en a fait la narration avec esprit et humour.

Allez encore voir la source de la Bourne, puisque vous en avez suivi le cours depuis plusieurs heures, si vous voulez connaître le superbe torrent sous tous ses aspects. Là-bas, il était tour à tour gracieux, terrible, charmant, tempétueux... Ici, vous le verrez roulant entre deux rives plates ses flots bien sages, et vous ne le reconnaîtrez pas.

Ce paysage aura pour vous tout l'attrait de la nouveauté, si vous n'avez jamais vu de vallée des Alpes. L'altitude de la vallée de Lans ne lui permet pas d'avoir un climat bien doux ; les hivers y sont longs, les étés rapides ; le froid y est piquant, les neiges abondantes pendant la première de ces saisons, les chaleurs tropicales durant la dernière. Comme dans les pays septentrionaux, la nature, ici, n'ayant que quelques semaines pour accomplir son œuvre de production, se hâte et passe sans transition du printemps à l'été, de l'été à l'automne, puis de l'automne au long hiver. Mais si les beaux jours y sont courts, en revanche ils y sont splendides, et c'est un spectacle fait pour vivre longtemps dans le souvenir que celui d'une de ces prairies sans fin dont l'herbe fleurie ondule au souffle du vent et où paissent avec de graves airs de matrones ces belles vaches blondes, de taille puissante et robuste, propagatrices de la magnifique race de ruminants classée dans le domaine agricole sous le nom de : Race du Villard-de-Lans.

De patriarcales familles d'ours vivant aux dépens des troupeaux établis pour la saison estivale dans leur voisinage, peuplent encore les forêts et les rochers qui entourent la vallée. Peu d'hivers passent sans que quelques-uns de ces mangeurs de côtelettes crues, d'orge sur pied et de miel en rayon, tombent sous les coups des chasseurs déterminés des villages d'alentour.

Mais les émules de Bérard, d'Autrans, ont beau se livrer à des battues effrénées, les forêts de Lans ne perdront pas de sitôt ces habitants redoutables, dont la rencontre n'est pas précisément souhaitée par le voyageur.

Le village de Lans, qui donne son nom à toute la vallée sans en être l'agglomération principale, est, à Grenoble, depuis quelques années, fort en vogue parmi ceux qui aiment à faire un traitement hygiénique de villégiature de montagne. De bonnes petites auberges, Colomb, Ravix, s'y sont développées et seront bientôt des hôtels. Là, on peut encore, sans avoir une fortune de nabab, goûter aux douceurs de cette vie de far-niente dont on a tant soif et dont on se lasse si vite.

Tous les Guides possibles vous ont parlé du fameux fromage persillé, connu dans le vocabulaire des gourmands sous le nom de fromage de Sassenage, et qui a pour lieu d'origine la vallée de Lans et surtout Lans ; je me contente de vous le signaler et vous engage — si vous l'aimez — à en goûter à sa source pendant qu'il y en a encore et avant que vous soyez exposé à recevoir cette réponse qui fut faite, à Arles, à un de nos bons amis descendu dans cette ville et demandant, à déjeuner, du saucisson d'Arles si renommé :

— Du saucisson d'Arles, monsieur? Pécaïre, nous ne l'avons pas encore reçu de Marseille!

V.

Le Royaume des Fées.

On me fait observer avec raison que mon Itinéraire de la vallée de la Bourne restera incomplet si j'abandonne le voyageur dans la vallée de Lans, si je ne lui montre la source authentique du torrent dont le nom a servi de prétexte à ces trop nombreuses pages, et, enfin, si je ne le ramène à son point de départ, — Grenoble, — soit par les gorges d'Engins et Sassenage, soit par la nouvelle route qui de Lans descend sur Seyssinet en longeant le pied des Trois-Pucelles, soit enfin par quelque chemin nouveau.

La route de Lans à Seyssins pouvant faire à elle seule l'objet d'un récit descriptif on ne peut plus intéressant, j'en laisse la primeur à celui de mes collaborateurs que ce travail tentera et je fais traverser au Télémaque dont je me suis improvisé le Mentor un pays étrange, que j'avais déjà parcouru plusieurs fois, mais en profane, sans me flatter de le connaître encore.

Ce pays est le Royaume des Fées et l'on peut hardiment lui donner Lans pour capitale.

Lans est en effet un de ces rares pays de montagnes

où l'on fait toujours quelque découverte heureuse. La première fois que j'y allai, j'eus le plaisir, moins vulgaire qu'il semble, de m'asseoir dans la *Chaise du Ranz du Buis;* une autre fois, un chemin à deviner au milieu des bois et des roches me mena au *Pic Saint-Michel;* une autre fois encore je visitai l'*Œil de la Dhuy* que, sur la foi de guides plus zélés que consciencieux, j'avais toujours cru être la *Source de la Bourne;* une quatrième fois enfin, je pus grimper avec Colomb l'hôtelier pour guide et pour initiateur, à ce qu'on appelle à Lans la *Fenêtre des Fées.*

Longtemps après avoir quitté le hameau du Furon, non loin de la crête rocheuse dans laquelle s'ouvre la *Chaise,* le sol tout crevassé porte cependant encore çà et là une abondante végétation de genévriers et d'airelles; il faut marcher avec précaution à travers ces buissons rabougris que la serpe n'émonde jamais et qui servent de refuge à pas mal d'individus rampants, dont quelques-uns ne sont pas absolument inoffensifs. Pour trouver la *Fenêtre des Fées,* un guide choisi parmi les habitants du pays est tout à fait indispensable. Si vous êtes monté au Ranz du Buis, vous avez souvenir de ces roches bizarres sur lesquelles il faut cheminer et qui sont semblables à des ramures pétrifiées. Le sol est tout perforé, il faut bien choisir l'emplacement de son pas. Souvent même les buissons cachent quelque trou monstrueux présentant de véritables piéges; soudain votre guide vous arrête devant une excavation un peu plus vaste que celles qu'il vous a fait éviter.

— Regardez, vous dit-il d'abord, puis descendez.

Vous regardez. Devant vous, sous vos pieds, est un abîme lumineux, une de ces profondeurs claires que Victor Hugo voit en ses rêves de poète, un nid de ténèbres d'où monte le jour.

Ce jour ne vous arrive que tamisé et adouci par le voile de broussailles qui vous a jusque là dérobé ce précipice.

— Maintenant, descendons, reprend votre guide, qui joignant l'exemple au conseil, vous précède dans cette entreprise en écartant les ronces aux immenses traînes qui barrent le passage, et en vous racontant que telle qu'elle est, cette descente n'a pas paru trop scabreuse à plusieurs femmes. Ces amazones désirant éviter l'ascension complète de la montagne, lorsqu'elles ont quelque chose à voir dans la plaine, vont se mettre à la *Fenêtre des Fées* et de là embrassent d'un coup d'œil toute la vallée du Graisivaudan et sa ceinture de monts.

Fenêtre est bien le nom que doit porter cette ouverture radieuse donnant à celui qui s'y penche la sensation divine de l'infini et ouvrant à l'œil des perspectives sublimes d'immensité.

« Tout ce que l'imagination peut créer de grand doit paraître petit en comparaison des Alpes », a dit le poète suisse Bonstetten.

Ce sont, en effet, toutes les Alpes assemblées que l'on embrasse ici d'un regard.

Oh ! mes lecteurs ! ne me demandez pas d'énumération ; mais, allez vous mettre à la *Fenêtre,* et dites-moi si votre cœur ne bat pas un peu plus fort qu'à l'ordinaire.

Avant de quitter Lans, n'oubliez pas de vous faire conduire à *Bouilli,* petit hameau distant du Villard d'environ six kilomètres. Là, on vous fera voir l'*Œil de la Dhuy;* ce n'est pas la source de la Bourne;

mais, peu importe ! où trouver ailleurs une nappe si bleue d'eau si limpide que les fées de la cour de Mélusine l'avaient choisie pour leur miroir ?

Et quel ravissant miroir avec son cadre de rochers et de sapins sombres !

Et quelle fraîcheur délicieuse, quelle saveur sans pareille ont ces eaux !

Il y eut bien un jour où fut ternie cette réputation d'eau savoureuse et sans rivale que la Dhuy s'est acquise de Bouilli à Jaume et de Jaume dans tout le canton. La chose vaut la peine d'être dite :

La famille des Charbonneau, riches propriétaires de l'endroit, dont le dernier représentant est mort récemment dans les ordres, possédait un domaine que baigne le ruisseau, pas très-large en cet endroit, que forment en courant vers la Bourre les eaux de la Dhuy.

M. Charbonneau père avait établi sur ce ruisseau un fagotier bâti en travers de son cours. Le fagotier allait de l'une à l'autre rive de la Dhuy, qui s'enfonçait sous les fagots comme sous un tunnel et reparaissait quelques mètres plus bas.

Un jour d'automne, les habitants du hameau de Bouilli remarquèrent que l'eau de la Dhuy avait pris depuis la veille une saveur étrange ; ce goût rien moins qu'agréable persista pendant plusieurs semaines. La Dhuy possédait des qualités purgatives qu'on ne lui avait jamais connues. Par contre, les truites qu'on voit se jouer là comme à travers les glaces d'un aquarium prenaient des proportions fabuleuses. Ce qui nuisait à l'homme semblait faire les délices de ces êtres aussi savoureux que silencieux.

Pendant le même temps, il y avait quelqu'un de bien désolé à Bouilli. Un coquetier, dont j'ai oublié le nom, avait pour toute fortune une vieille carriole et un vieux cheval. L'un traînant l'autre servaient à sa petite industrie. Le vieux cheval avait coutume, une fois dételé, de s'en aller boire à même la Dhuy. Un jour, Coco se rendit à son abreuvoir habituel, mais ne reparut plus. Quelque diablotin l'avait-il enlevé? Quelque sorcière invisible l'avait-elle enfourché pour se rendre au Sabbat?

Le mystère ne s'éclaircit qu'au printemps suivant. La famille Charbonneau ayant fini de brûler les fagots de son fagotier trouva engagée dans les dernières branches, formant pont sur le ruisseau, la carcasse absolument dépouillée de chair d'un vieux cheval ; des grappes de truites de grosseur phénoménale y étaient suspendues. Tout s'expliqua : la disparition du pauvre Coco, le goût empesté de l'eau de la Dhuy, l'engraissement insolite de ses truites. Mais il y eut plus d'une indigestion rétrospective à Bouilli.

Dans ce pays, qui fut aux barons de Sassenage, nous trouvons partout trace de ces êtres mystérieux que la légende fait protectrices de leur berceau. Tout à l'heure nous nous en irons en suivant le *Chemin des Fées*. Maintenant nous passons près d'une ruine si mesquine, si chétive que rien, sinon l'histoire, ne révélerait sa grandeur passée.

Cette histoire, vous la savez :

C'était au temps des guerres de religion. Le baron des Adrets ayant à se plaindre du baron de Sassenage qui, d'après lui, se mettait trop souvent sur son chemin, n'imagina rien de mieux que de s'emparer de celui-ci et de le garder à vue dans une prison de Gre-

VALLÉE DE LA BOURNE, PONT DU GOUFFRE DU MOULIN

noble. Ceci sous prétexte de croyance. Ayant réussi à se faire mettre en liberté, Sassenage n'eut rien de plus pressé que de prendre sa revanche, et lorsqu'il tint des Adrets il le garda dans les oubliettes de son donjon de Sassenage un peu plus longtemps que des Adrets n'eût voulu.

Grâce à je ne sais quelle concession, des Adrets obtint de revoir la lumière, mais durant sa captivité, il avait médité sa vengeance, et dès qu'il fut libre il l'organisa. Pendant ce temps, Sassenage dormait tranquille, oubliant que des Adrets ne pardonnait jamais ; Sassenage croyait seulement être quitte avec son partenaire, tandis que celui-ci comptait sur une troisième partie pour gagner le tout.

Ce tout fut le sac du château de Lans, qui appartenait au baron de Sassenage. Ruiné, démantelé dans une seule nuit par des troupes que des Adrets avait amenées tout exprès de Grenoble dans ce noble but ; il ne resta pas pierre sur pierre d'un donjon qui existait déjà avant l'an 1000.

Telles qu'elles sont, les ruines du château de Lans font partie du patrimoine de la famille Chabert, dont était ce brave et généreux Frédéric Chabert, commandant de chasseurs qui, à la veille de se marier, donna dans la néfaste journée de Gravelotte sa vie pour la patrie, laissant après lui une fiancée, une âme vaillante et aimante, dont le deuil ne finira pas.

Mademoiselle Marie de la T..., Bretonne courageuse, cœur fidèle, amie sincère, vous étiez digne d'avoir pour compagnon de votre vie ce soldat d'élite qui voulait vous devoir le bonheur et qui ne vous doit qu'une tombe.

Cette tombe toute fleurie, toute parlante d'espérance

que vous avez donnée à votre fiancé dans le cimetière de son pays natal, les habitants de Lans la montrent avec un attendrissement pieux aux étrangers en murmurant respectueusement votre nom.

Il faut cependant s'en aller. Ne quittez point Lans sans vous faire indiquer ce qui est véritablement la Source de la Bourne, car l'Œil de la Dhuy n'en est qu'un affluent.

Cette rivière tapageuse, ce torrent aux allures indomptées, où naît-il ?

Sans doute dans quelque gigantesque fissure de montagne... ou bien il sourd d'un lac profond dont il est le bouillant déversoir ?

Eh non ! un marais, un simple marais tourbeux, fangeux, auquel les ajoncs seuls font un cadre, c'est là le berceau de cette Bourne fantasque, grondeuse, qui, plus loin, aura de si jolis tons d'algue marine et où les truites se délecteront avec tant de délices.

Ce contraste vous étonne, n'est-ce pas ?

Nous avons vu la *Fenêtre des Fées*. Nous nous sommes mirés à l'Œil de la Dhuy dans cette nappe de cristal qui est leur *Miroir*, continuons notre route, nous allons passer près du *Moulin des Fées*, formé presque à ras du sol par deux ouvertures rondes d'où jaillissent, à intervalles irréguliers, deux jets d'eau assez imposants, semble-t-il, pour former un ruisseau ; mais qui, tout à coup, cessent capricieusement de couler, jusqu'à ce qu'une nouvelle convulsion intérieure inexpliquée rejette au dehors leurs eaux intermittentes.

Si nous n'avons pas le pied assez ferme, l'œil assez sûr pour nous aventurer dans le *Chemin des Fées*, qui court à gauche en étroit liséré sur la crête du rocher dont la route carrossable longe la base, nous pourrons d'en bas, et absolument sans danger, suivre du regard les zigs-zags capricieux de ce chemin aérien, aux trois quarts effondré, praticable autrefois, paraît-il, mais à peu près abandonné aujourd'hui.

— Mais, me dites-vous, nous voici tout simplement engagés sur la route de Lans à Grenoble par Engins. Je reconnais la scierie, l'auberge, etc. Voilà les Gorges. Où sont les merveilles promises?

— Je vous en ai déjà indiqué plusieurs, voyageur de peu de foi. Mais il nous reste à voir encore beaucoup dans les Gorges même.

Et tenez, vous alliez passer indifférent devant cette grande figure taillée dans la roche vive, se dressant haute et rigide, de grandeur surhumaine, comme une de ces statues figées dans leur immortalité de pierre que les imaigiers croyants du moyen âge ciselaient en plein granit pour les églises ou pour les tombeaux.

Regardez-la. C'est la Madone.

La Madone s'appuie légèrement au rocher; mais, entre elle et le rocher la lumière passe; ce n'est point la moindre des surprises de ce défilé que cette effigie censée divine s'élevant tout à coup là-haut, très-haut dans le ciel bleu.

On s'arrête, puis on passe, et alors, par l'effet d'une transformation qui paraît magique, la statue disparaît et fait place à un gigantesque bec d'oiseau. On l'appelle alors le *Bec de l'Aigle.* C'est sous cette forme qu'elle apparaît lorsqu'on vient de Grenoble.

Quelle pensée sublime inspira le céleste statuaire

lorsqu'il fit à nos monts, de son ciseau incomparable, ces découpures fantastiques devant lesquelles nous nous arrêtons, frappés d'étonnement?

Pourquoi donna-t-il à de simples rochers ces figures étranges dans lesquelles l'homme, énamouré de lui-même, veut absolument retrouver son image?

Pourquoi?

L'Univers est rempli de « Pourquoi? »

Peu de villes ont un horizon semblable à celui qui entoure Grenoble. Sur quelque point de cet horizon que le regard se porte, il trouve prétexte à surprise :

Sur la rive droite de la vallée, cette énorme montagne carrée, aride, en forme de molaire gigantesque, percée de grottes aux voûtes hautes comme des nefs de cathédrale, porte bien sur la carte de l'Etat-major le nom de Pic de Midi ou de Dent de Crolles ; mais nos aïeux, eux, l'appelaient Berdaguille.

Berdaguille! Cela semble le nom de quelque géant...

Bien plus loin, de l'autre côté de la vallée, se dresse la Grande Pyramide ; ces deux montagnes aux sommets aigus, ce sont la Grande et la Petite Lance. Derrière ces deux pics inégaux d'altitude, un troisième sommet plus audacieux encore, dernier gradin de ces propylées sublimes, élève jusqu'à l'infini sa cime audacieuse. C'est Belledonne! Suivant quelques-uns, ce nom lui a été donné pour sa ressemblance avec ces images byzantines représentant la Vierge Marie tenant dans ses bras l'Enfant-Dieu. Seulement ici, l'or des peintres de Byzance est remplacé par le rayonnement des neiges qu'un chaud soleil du Midi paillette de pourpre.

Et les Pyramides de Varces, le Géant des monts de Lans, le profil césarien que trois montagnes contribuent à former, les Trois Pucelles...

Je m'arrête, car cette énumération n'aurait pas de fin, et je continue mon récit.

Nous revenions un soir assez tard d'une excursion dans la vallée de Lans. Une belle lune dans une nuit claire faisait de ce retour à Grenoble une promenade charmante. L'étroitesse du défilé, la hauteur des deux pans de rochers entre lesquels le Furon et la route vont de front, donnaient des alternatives de lumière vive, puis d'ombre soudaine tout à fait fantastiques. Rien n'est comparable à une promenade de nuit à travers les Gorges d'Engins. J'ai, depuis, refait plusieurs fois cette promenade. Ce soir-là, elle fut presque troublée par un incident. C'était à l'endroit où, sur la gauche de la route, la montagne paraît s'éloigner un peu ; une petite prairie très-pentive occupe une sorte de cirque étroit. Des grottes aux ouvertures très-hautes trouent la paroi rocheuse qui domine la petite prairie. De l'une de ces grottes, alors plongées dans l'ombre, sortait une lueur qui paraissait d'autant plus vive que l'alentour était plus noir. Ces grottes avaient donc un habitant ? car nous ne pouvions admettre que cette clarté insolite eût une origine surnaturelle ; et, bien que nous fussions en plein dans le royaume des fées, que nous eussions vu dans la journée depuis leur miroir jusqu'à leur baignoire — la *Fontaine de la Lutinière* — jusqu'à leur couchette — les *Mousses de la Lutinière* — nous cherchions une autre cause à cette lueur. Nous cherchions encore qu'elle s'éteignait et que, pressés par l'heure tardive, nous reprenions sans rien savoir la route de Grenoble.

Mais le champ était ouvert aux conjectures, et je laisse à penser combien furent faites.

Un nouveau Mandrin avait-il établi là son atelier de fausse monnaie ?

Quelque contrebandier — mais la position des montagnes de Lans ne donnait pas poids à cette supposition — avait-il installé là les marchandises entrées en fraude?

Une tribu bohémienne y vivait-elle en dehors de notre civilisation et de ses lois ?

Les Quarante voleurs d'Ali-Baba cachaient-ils dans ces cavernes aux méandres insondés les produits de leur industrie occulte ?

Un prisonnier échappé bravait-il de ce repaire ce qu'on est convenu de nommer la justice des hommes ?

Et ceci ? Et cela ?

Bref, nous n'avions pas fini d'imaginer, que nous étions à Grenoble.

Un an ou deux après, refaisant de jour le même trajet, nous vîmes sur le rebord de la prairie du cirque, à cet endroit qui avait toujours été désert, une petite construction ronde élevée par une main bien novice. Un champ de pommes de terre avait remplacé la prairie. Curieux de savoir quel était l'habitant de ce lieu quasi-sauvage, nous interrogeâmes un casseur de pierres qui, justement, tout près de là, réduisait en fragments les roches voisines pour refaire le chemin mordu par le Furon, saccagé par les grosses eaux.

Le *propriétaire* de ce lopin de terre sans cesse ravagé par une ravine que le mauvais temps fait parfois descendre d'une façon inopinée d'une trouée du roc, est un homme dans la force de l'âge qui, lassé de la société de ses semblables, est venu chercher dans les grottes des Gorges d'Engins cette solitude chère à son cœur. Il avait établi son domicile dans une de ces grottes dont il atteignait l'orifice à l'aide d'une échelle qu'il amenait à lui lorsqu'il était dans sa grotte, ce qui rendait celle-ci tout à fait inexpugnable. Un cadre de bois rempli de mousse lui sert de lit ; une planche lui tient lieu de table ; un bloc de pierre est son siége ; les interstices de la grotte, presque toujours humide et suante de pluie, remplacent tous les autres meubles.

Les solitaires de la Thébaïde n'étaient moins exigeants.

On m'a assuré que ce *bien* tel qu'il est, grottes et prairie, n'a pas coûté au solitaire plus de cinq francs.

Au printemps, l'ermite s'en va avec son âne et une petite provision de graines potagères qu'il va vendre au loin. Le bénéfice de cette vente lui assure le pain du reste de l'année, car il n'a guère d'autres besoins.

A la longue, sa santé a été atteinte par ce séjour, en toute saison, dans des roches humides, où l'air des nuits entrait froid, où le soleil ne pénétrait pas. C'est alors qu'il édifia cette petite tour de pierres qui n'a d'autre ouverture que sa porte. Pendant l'été, le solitaire des Gorges installe devant son ermitage, plus que rustique, une table et des bancs où les passants peuvent s'asseoir… et se rafraîchir.

Commencer comme les solitaires des déserts et finir… par débiter des bocks ; est-ce une chute ?

Voilà l'histoire de la lumière aperçue par nous un beau soir d'été à travers l'ouverture sombre d'une des grottes des Gorges d'Engins. C'était poétique alors !

Les Gorges dépassées, Engins se montre ; puis

commence cette descente roide qui va vous mener aux Portes d'Engins et, de là, à Sassenage, pays trop connu pour que j'en parle ici.

Les Portes d'Engins, au dire des anciens, les Fées les fermaient lorsqu'elles voulaient être maîtresses chez elles. Alors, aussi, elles déchaînaient le Furon qui hurlait dans les nuits comme un chien enragé. Aucun voyageur, si aventureux qu'il fût, n'osait se hasarder dans la vallée de Lans pendant ces nuits-là.

Mais un jour est venu où la puissance des Fées a été réduite à néant. On n'entend plus parler d'elles, pas même au fond des Cuves de Sassenage où se trouve leur *Four*. (Le *Dauphiné* a publié il y a quelques années un dessin représentant *Mélusine au Four des Fées*, de notre regretté collaborateur Firmin Gauthier). Elles n'annoncent plus, trois jours d'avance, par leurs cris de douleur, la mort des membres de cette famille de Bérenger qui, d'après la tradition toujours, tire d'elles son origine.

Les Fées s'en vont, les Fées sont parties.

Et nous aussi, quittons leur domaine, rentrons dans la vie réelle après cette incursion peut-être trop longue dans leur royaume qui est un peu celui de la poésie. Nous avons laissé Sassenage, nous voici à Grenoble. Mais nous nous souviendrons comme d'une page heureuse de notre vie des incidents de ce voyage, court par la durée, fécond par les émotions poétiques qu'il nous a données et les souvenirs qu'il nous laissera.

FIN.

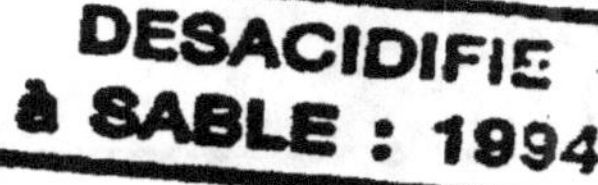

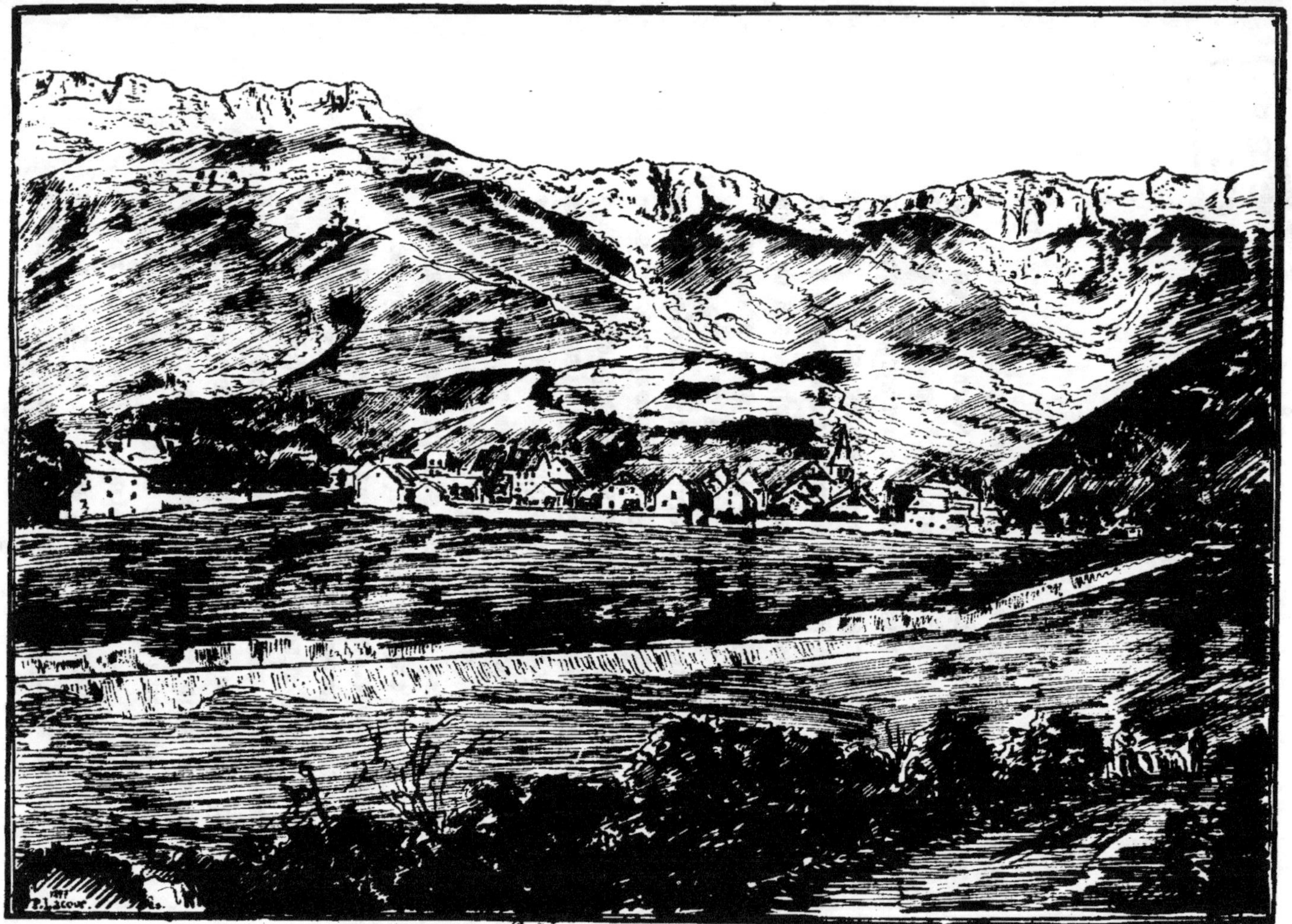

VALLÉE DE LA BOURNE, VILLARD-DE-LANS